编者寄语

亲爱的新同学：

欢迎您成为学院这个大家庭中的一员！

大学是人生旅途的新阶段，是追寻梦想的新起点。踏入大学校门前，你还是一个被动的、为分数读书的、被家庭呵护着的高中生；从入学第一天起，你就应该对大学有一个正确的认识和规划，努力编织梦想，明确方向，更新知识，积累经验，在学习中享受快乐，在实践中提升素养，为在毕业时找到自己最喜爱的工作打下坚实的基础。

近几年来，由于高校毕业生人数不断增加，社会对大学生的接收能力降低，造成一定范围内大学生就业难，这就对我们大学生的素质和能力提出了更高的要求。然而，通过对毕业生的跟踪调查和企业的反馈，我们发现礼仪缺失、责任心不强、沟通能力不够、团队意识薄弱、长远规划缺乏等职业素养问题已严重影响了大学生的求职成功率和职业的发展。

同学们，要想在激烈地就业竞争中取得成功，要想在职场上有长足的发展，就要在提高自身素质和能力上下功夫，特别是要注重提升职业素养。经过大学生活的历练，你就要从思考中确立自我，从计划中把握时间，从学习中寻求真理，从独立中体验自主，从表达中锻炼口才，从交友中体会成长，从追求中获得力量，从实践中赢得价值，从一个青涩的校园人成长为一个成熟的职业人。

这本《大学生职业素养实训手册》是与《大学生职业素养基础教程》同步编写的，配合大学生职业素养教学，融入同学们大学阶段的全过程，旨在领航大学生活，反映成长轨迹，提升职业素养，见证大家的成长、成熟、成才。

同学们，带着梦想与憧憬开始属于自己充满激情的大学生活吧！学院将为你们搭建成长的平台，期待你们能在大学这片新天地里挖掘潜能，发挥智慧，积累资本，储蓄能量，孕育发展的蓝图，奠定成功的基础，拥有一份珍贵的回忆和一段美好的人生！

目 录

第一学期　明确目标，转变角色

实训任务一　开启大学之旅 »»»

一、开展“破冰行动”

以班级为单位分成两个组，两组同学站成内外两圈。当歌声开始时两圈同学朝不同方向转动。歌声每停一次，内外两个圈面对面的两人相互握手并进行自我介绍（详见《大学生职业素养基础教程》）。

二、进行高台演讲

请每位同学在“爱好碰碰碰”展示板相应位置上标出自己的名字，然后到高台上进行演讲（详见《大学生职业素养基础教程》）。

我的高台演讲提纲

亲爱的同学们，大家好！我叫__________，我来自________________
我是一个喜欢________________的人

三、参加团队训练

（1）参加“找到团队”活动。

教师将 4 张图片分别剪成若干张形状不同的小图片，打乱顺序后分发给学生，要求学生根据图片去寻找团队。组成团队后，同学们讨论并设计团队名称及口号。

（2）进行团队展示。

（3）开展团队训练。

以团队为单位，所有学生手拉手围成一圈，面朝内侧，其中 1 人手臂上挂 1 个呼啦圈，在教师发出口令后，同学们迅速将呼啦圈逐个传递，直到回到初始位置。用时最短的团队为胜。注意：在传递过程中，手臂不能断开，否则视为违规，接受惩罚。

（4）记录你的团队。

我的团队

团队名称：

团队口号：

我的队长：

我的队友：

（5）评价你的表现。

团队展示综合评价表

项目 评价	态度 （20分）	创新意识 （20分）	合作意识 （20分）	执行力 （20分）	服从力 （20分）	综合评价
自 评						
队长评						

实训任务二　融入大学生活 »»»

一、谈谈你的理想

每个人都有自己的梦想和追求，而大学就是梦想起航的地方。在我们要开始圆梦之旅时，先来描绘你的梦想，让它指引你远航！

我的梦想

我想成为一个什么样的人？

技能高超□　踏实肯干□　有责任感□　有创造力□　沟通能力强□

心理素质过硬□

其他：

二、解决你的困惑

（1）大学生活刚刚开始，面对新的环境、新的挑战，你也许会有些不适，也许会存在困惑。如何尽快调整自己以适应现实呢？

我的困惑与不适

经济困难□　学习兴趣不足□　独立生活能力不强□　同学关系紧张□

迷茫□　被忽视□　心情烦躁压抑□

其他：

（2）遇到困难时，我们应该主动想办法解决，还可以向他人求助，如同学、学长、老师、父母、老乡、朋友、心理咨询师等，这样可能会更好地解决问题。把你的问题勇敢地说出来，你会发现，经过大家共同探讨，问题就会迎刃而解，你的心里也会豁然开朗。

针对不适或困惑的解决方案：

三、认识你的专业

（一）进行你的专业剖析

你所学的专业是什么？你对自己的专业了解吗？

专业名称	
开设的课程	
对应的岗位群	
需具备的素质和能力	
需考取的资格证书	
毕业去向	
就业前景	

（二）树立你的职业理想

为了学好专业课，练好本领，具备岗位所需的素质和能力，考取职业资格证书以实现职业理想，我们要抓住大学时光，明确奋斗目标，不断充实自我，度过一个精彩而有意义的大学。

（三）确定你的目标

目标类型	自我设定目标
近期目标（本学期）	
中期目标（本学年）	
远期目标（大学阶段）	

（四）写出你的打算

“老者说，我的大学在回忆里；长者说，我的大学在谈资里；少年说，我的大学在憧憬里；我说，我的大学在我手里！”

我的打算

参加社团□　结交知心朋友□　找到学业导师□　制定职业规划□
参加志愿活动□　参加社会实践□　进行企业调查□　考取资格证书□

大学里最想做的十件事：

（1）

（2）

（3）

（4）

（5）

（6）

（7）

（8）

（9）

（10）

四、管理你的生活

（一）时间管理训练

时间管理的步骤：列单→组织排序→删除→立即执行→评估后改进→养成习惯。

请同学们帮刘明将要做的事情按紧急重要程度排序，并填表。以下为刘明8:00 ~ 16:00要做的事情清单：

（1）和家人联络感情

（2）打篮球

（3）网聊

（4）写作业

（5）到实验室做实验

（6）专业理论学习

（7）计算机考试网络报名（截止前的最后一天）

时间管理计划表

序号	时　　间	事件名称	具体做法	完成效果及调整办法
1				
2				
3				
4				
5				
6				
7				

（二）重视生活管理

大学生的生活管理涉及到以下几个方面：清洁、理财、社交、健康等。例如理财方面，我们在大学时代就应该养成良好的理财习惯，做一份理财支出明细表吧，确定自己每个月的“消费计划”，为自己的现在和将来“精打细算”。

理财支出明细表

支出项目	支出明细	预计金额	一个月后调整
伙食费			
服装费			
日用品费用			
上网及电话费			
学习费用			
其　他			

（三）健康状况调查

序号	状况 \ 选项	是	否	不确定
1	你是否抽烟			
2	你是否每天喝酒			
3	你经常吃蔬菜吗			
4	你每天都吃肉吗			
5	你喜欢吃熏、腌制食品吗			
6	你经常吃水果吗			
7	你喜欢吃甜食吗			
8	你喜欢吃较咸的菜吗			
9	你在每次吃饭前都有饥饿感吗			
10	你小便的次数是否比他人多			

续上表

序号	状况 \ 选项	是	否	不确定
11	你是否经常咳嗽且痰多或胸痛			
12	你白天辛勤劳动后，晚上能快速入睡吗			
13	你的头颈是否明显比他人粗并容易出汗			
14	你是否在不断消瘦			
15	你是否至少早晚刷两次牙			
16	你的指甲和眼结膜是否呈淡白色			
17	你是否很少洗手			
18	你是否每天大便一次			
19	你的牙、鼻是否经常出血或有“乌青块”			
20	每次感冒，你是否必须服药才会好			
21	你每天运动吗			
22	你是否每天看电视超过三个小时			
23	你的体重是否明显超重			
24	你定期检查身体吗			

评分标准：1 ~ 14 题，选择“是”记 1 分，选择“不确定”记 2 分，选择“否”记 3 分；15 ~ 24 题，选择“是”记 3 分，选择“不确定”记 2 分，选择“否”记 1 分。

结果说明：22 ~ 42 分：表明你的身体健康状况较差。

43 ~ 62 分：表明你的身体健康状况一般。

63 ~ 72 分：表明你的身体健康状况很好。

健康调整目标与实施措施：____

____。

实训任务三　培养责任感

一、我爱我家

（一）我家“肖像”

我的家庭

我的家乡：

家庭成员：

家庭情况：

（二）父母知多少

我的父母

爸爸、妈妈的生日是什么时间？

爸爸、妈妈穿鞋的尺码是多少？

上一次给爸妈洗脚是什么时间？

爸爸、妈妈的爱好有哪些？

爸爸、妈妈的优点是什么？

爸爸、妈妈对我的期望是什么？

二、你眼中的自己

我的优点

我的缺点

自我评价

改进措施

三、一封家书

给父母编辑一条短信或打一个电话，简单介绍自己初到大学的情况，送上遥远的祝福；写一封家书，邮寄给父母，谈谈你入学以来的收获和感悟。

实训任务四　知礼懂礼用礼

一、礼仪大考察

大学生文明礼仪自我评价表

礼仪评价内容	A（全做到）	B（基本做到）	C（未完全做到）
日常着装得体，学具齐全；上课、放学按顺序进出教学楼；自习课安静，不大声喧哗，不做影响其他人的事情			
按时起床，被褥叠放整齐，及时整理房间；自觉刷牙、洗脸、梳头；音量适中；勤洗头、洗澡；勤换衣服、鞋袜，养成良好的卫生习惯			
在图书阅览室保持安静，阅读后，将书按原位放回，爱惜书刊，借阅图书按时归还			
校园就餐有礼貌，排队打饭不高声叫喊，不敲餐具；爱惜粮食；聚餐时，先请长辈或领导入座，使用文明餐桌用语			
校园内，见到师长或客人主动问好，并礼貌谦让老师和客人先行；注意说文明话；不吐痰、不乱扔杂物，努力塑造良好的形象			
接打电话，先说“您好”，再自报姓名；打错电话，向对方道歉；接到打错的电话，不发脾气，体谅对方；说话口齿清楚，通话完毕待对方挂线后再挂掉电话；不用电话开玩笑和攀谈，以免造成浪费			
积极参加各项有益的文体活动；善于与人合作，待人真诚，懂得赞赏他人，以沟通方式解决问题			

续上表

礼仪评价内容	A（全做到）	B（基本做到）	C（未完全做到）
上网时，自觉遵守《全国青少年网络文明公约》，做到“五要五不”；正确开机，用后及时关机，养成爱护设备的好习惯，避免损坏设备，造成浪费			
在出行、就餐、购物时自觉排队，遵守公共秩序；对公共设施、名胜古迹珍惜爱护，不乱刻乱画，遵守公共道德，做遵纪守法的公民			
总　分			

注：（1）计算方法：A 为 10 分；B 为 8 分；C 为 6 分。

（2）“五要五不”：要善于网上学习，不浏览不良信息；要诚实友好交流，不侮辱欺诈他人；要增强自护意识，不随意约会网友；要维护网络安全，不破坏网络秩序；要有益身心健康，不沉溺虚拟时空。

二、礼仪面面观

校园内的文明现象	校园内不文明行为
我在礼仪方面值得称赞的	**我在礼仪方面需要改进的及改进措施**

三、礼仪大行动

（一）参加学生会议情境演练

涉及的礼仪知识点和注意事项

（二）接待客人参观实验室情境演练

涉及的礼仪知识点和注意事项

（三）参加宴会情境演练

涉及的礼仪知识点和注意事项

（四）到领导办公室报送总结情境演练

涉及的礼仪知识点和注意事项

（五）评价你的表现

礼仪展示综合评价表

项目 评价	仪容仪表（20分）	仪态举止（20分）	着　装（20分）	谈　吐（20分）	礼仪规范（20分）	综合评价
自　评						
队长评						

四、礼仪新形象

一个学期的大学生活过去了，相信你的内在和外在都有了全新的变化。请晒一晒自己最喜欢的一或两张近照，让我们来看看现在的你。

学期盘点

序号	类　别	收　获	不　足	今后努力方向及打算
1	知识积累			
2	技能增长			
3	素养提升			
4	实践锻炼			
5	其　他			

教师评语

第二学期　强化技能，提升素养

实训任务五　学会有效沟通

一、你是一个善于沟通交流的人吗

沟通测试

（1）你是否时常避免表达自己的真实感受，因为你认为别人根本不会理解你？

A. 肯定　B. 有时　C. 否定

（2）你是否觉得需要自己的时间、空间，一个人静静地独处才能保持头脑清醒？

A. 肯定　B. 有时　C. 否定

（3）与一大群人或朋友在一起时，你是否时常感到孤寂或失落？

A. 肯定　B. 有时　C. 否定

（4）当一些你与之交往不深的人对你倾诉他的生平遭遇以求同情时，你是否会觉得厌烦甚至直接表现出这种厌烦的情绪？

A. 肯定　B. 有时　C. 否定

（5）当有人与你交谈或对你讲解一些事情时，你是否时常觉得百无聊赖，很难聚精会神地听下去？

A. 肯定　B. 有时　C. 否定

（6）你是否只会对那些相处长久、认为绝对可靠的朋友才吐露自己的心事与秘密？

A. 肯定　B. 有时　C. 否定

（7）在与一群人交谈时，你是否经常发现自己驾驭不住自己的思路，常常表现得注意力涣散，不断走神？

A. 肯定　B. 有时　C. 否定

(8) 别人问你一些复杂的事，你是否时常觉得跟他多谈简直是对牛弹琴？

A. 肯定 B. 有时 C. 否定

(9) 你是否觉得那些过于爱出风头的人是肤浅和不诚恳的？

A. 肯定 B. 有时 C. 否定

评分标准：选 A 记 3 分；选 B 记 2 分；选 C 记 1 分。

结果说明：9 ~ 14 分：你很善于与人交谈，因为你是一个爱交际的人。

15 ~ 21 分：你比较喜欢与人交朋友。假如你与对方不太熟，刚开始可能少言寡语，可一旦你们熟起来，你的话匣子就再也关不上了。

22 ~ 27 分：你一般情况下不愿与人交谈，只有在非常必要的情况下，才会与人交谈。你较喜欢一个人的世界。

二、你能找到更恰当的沟通方式吗

有待改善的表达	更恰当的表达
(1) 我现在太忙了，我帮不了你。	(1)
(2) 我赞成你的这个提法，但是我不同意你最后一句话。	(2)
(3) 你的工作应该更细一些。	(3)
(4) 你在提报的总结中所犯的错误必须立即加以补救。	(4)
(5) 你与同事之间的问题已经影响到了工作。	(5)
(6) 让我告诉你这件事你应该怎样处理。	(6)
(7) 在这件事上你大错特错。	(7)
(8) 不要再说了，我把它做完了不就得了！	(8)

三、你能运用有效沟通解决问题吗

(一) 解决校园沟通问题

一位寝室长因寝室中某同学床铺卫生不合格受到老师的批评，请运用有效沟通方式帮他解决问题（详见《大学生职业素养基础教程》）。

与教师沟通的方式和内容

与该同学沟通的方式和内容

与寝室全体同学沟通的方式和内容

（二）测试职场沟通能力

与同事沟通能力小测试

（1）面对同事的缺点和错误你会怎样做？

A. 跟我关系不大　B. 直言相告　C. 委婉沟通，引导发现

（2）发现同事优点或其取得好业绩你会？

A. 羡慕　B. 非常关心，想学其经验

C. 及时赞美和祝福

（3）当你听到同事在背后说别人坏话，你会怎么办？

A. 在一定范围内告诉别人　B. 有时会加以制止　C. 不传话

（4）表达自己时你会注意语气语调吗？

A. 很少注意　B. 重要场合下注意　C. 每次都非常注意

（5）你在表达时，如何把握词语的使用？

A. 经常词不达意　B. 偶尔找到合适的词语

C. 总能找到准确的词语

（6）同事对你的工作提出意见时，你是什么态度？

A. 表面接受　B. 接受意见，自我检查

C. 积极沟通，找出差距

（7）你和同事出现误会，你会怎么办？

A. 等对方找自己沟通　B. 通过第三方沟通　C. 及时沟通，消除误会

（8）当你进入一家新公司时，如何认识新同事？

A. 在工作中慢慢熟悉　B. 积极认识部门里的人

C. 主动认识每一个人

评分标准：选A记1分；选B记2分；选C记3分。

结果说明：8 ~ 12分：与同事沟通能力差。

12 ~ 17分：与同事沟通能力一般。

18 ~ 24分：与同事沟通能力强。

与上级沟通能力小测试

（1）面对工作中的难题你会怎样解决？

A. 与上级沟通寻求支持　B. 与同事沟通寻求支持　C. 自己想办法

（2）你一般采取怎样的方式与上级沟通？

A. 面对面沟通　B. 电话或电子邮件沟通　C. 定期书面沟通

（3）当你和上级意见不一致时，你会怎样表达自己的意见？

A. 面对面沟通　　B. 书面报告给上级　　C. 通过其他方式

（4）面对不同性格的上级如何沟通？

A. 从沟通对象的角度考虑　　B. 注意沟通技巧　　C. 针对工作内容沟通

（5）面对控制型（强势型）的上级如何沟通？

A. 尊重权威，赞美成就　　B. 先赞同，再提意见

C. 书面或电话沟通

（6）面对效率型上级如何沟通？

A. 简单明了直指问题　　B. 尽量采用封闭式问题

C. 无需说明工作细节

（7）面对委婉型上级如何与他沟通？

A. 真诚交流，言之有物　　B. 直接回答其提出的问题

C. 书面建议的方式

（8）面对指导型上级如何沟通？

A. 请示汇报方式　　B. 书面建议的方式　　C. 询问的方式

（9）如何用电子邮件与上级沟通？

A. 逻辑清晰，分析建议　　B. 直接陈述观点　　C. 非常注意措辞

评分标准：选 A 记 3 分；选 B 记 2 分；选 C 记 1 分。

结果说明：9 ~ 15 分：与上级沟通能力差。

15 ~ 24 分：与上级沟通能力一般。

24 ~ 27 分：与上级沟通能力强。

（三）解决职场沟通问题

小贾遇到了职场烦心事。同事小李对小贾多方刁难，已影响了工作，请帮其解决问题（详见《大学生职业素养基础教程》）。

小贾的沟通方式和内容

未等小贾找机会与小李沟通，小李又向两人的上司报怨小贾，上司知道其实小李误会了小贾，请帮其上司解开两人的误会（详见《大学生职业素养基础教程》）。

上司的沟通方式和内容

小李得知事实真相后，虽不再针对小贾，但两人关系仍很尴尬，请帮他们改善同事关系（详见《大学生职业素养基础教程》）。

小贾或小李沟通的方式和内容

实训任务六　团队强化训练 >>>>>

一、魅力团队大比拼

（1）以团队为单位，以 PPT 或视频的形式进行团队展示。

魅力团队展示

团队名称：

团队口号：

团队展示准备及进行过程中自己承担的任务：

团队展示的创意：

（2）请你用几个词来概括你理解的团队精神。

我理解的团队精神是：凝聚力、大局观……

二、团队精神大体验

（1）以团队为单位，进行“站报纸”“解手链”“背靠背”等团队训练项目，并进行评价（详见《大学生职业素养基础教程》）。

团队展示综合评价表

项目 评价	态　度（20分）	创新意识（20分）	合作意识（20分）	执行力（20分）	服从力（20分）	综合评价
自　评						
队长评						

（2）在进行“月球生存记”团队训练过程中，请在答案纸上将15件物品按重要性排序，并附简单说明（详见《大学生职业素养基础教程》）。

“月球生存记”答案纸

项　目	个人答案	小组答案	原　因
一盒火柴			
浓缩食物			
50米尼龙绳			
降落伞的丝质布料			
可携带式发热器			
两支手枪			
一盒脱脂奶粉			
氧气筒			
星际地图			
救生艇			
磁力指南针			
22.73升水			
信号火箭			
急救箱连注射用针筒			
太阳能无线电收发器			

实训任务七　准备求职材料 »»»

一、填写求职简历

姓名		性　　别		一寸免冠照片
民族		籍　　贯		
出生日期		政治面貌		
学历		身高体重		
专业		健康状况		
毕业院校			邮　　编	
联系电话		邮　　箱		
求职意向				
主修课程				
个人技能				
实践经历				
奖惩情况				
爱好特长				
自我评价				

二、撰写求职信

尊敬的领导：

您好！

此致

敬礼！

求职人：

年　　月　　日

实训任务八　求职口才训练

一、口才提升训练

（一）读绕口令练发音

绕口令

任命是任命，人名是人名，任命不能说成人名，人名也不能说成任命。

山前有个崔粗腿，山后有个崔腿粗。二人山前来比腿，不知是崔粗腿比崔腿粗的腿粗，还是崔腿粗比崔粗腿的腿粗？

有个面铺门朝南，门上挂着蓝布棉门帘；摘了蓝布棉门帘，面铺门朝南；挂上蓝布棉门帘，面铺还是门朝南。

师部司令部指示：四团十连石连长带四十人在十日四时四十四分按时到达师部司令部，师长召开誓师大会。

石、斯、施、史四老师，天天和我在一起。石老师教我大公无私，斯老师给我精神食粮，施老师叫我遇事三思，史老师送我知识钥匙。我感谢石、斯、施、史四老师。

（二）复述故事练口才

一句玩笑话引来的官司

1991年8月，美国青年梅科伊被送上法庭受审，其罪名是去年3月初他讲了一句玩笑话。那一天，这位26岁的青年在休斯敦国际机场登上了西南航空公司一架飞往伯明翰的班机。在飞机上，他对一位空中小姐说，机舱里有一枚炸弹和一支手枪。后来他又带着嬉戏的口吻重复了好几遍。机上108名乘客中许多人哈哈大笑。空中小姐知道他是开玩笑，但仍然向驾驶员做了例行汇报，驾驶员只得又向机场控制塔如实报告。班机在伯明翰机场安全降落以后，航空保安人员立即上来把梅科伊抓获。经仔细搜查，机舱内并没有发现炸弹和手枪，但是，鉴于梅科伊这种不负责任的玩笑有可能引起一场空中骚乱，他们认为他的行为不仅是违反社会公德的，而且已构成犯罪。观察家分析，如果梅科伊的罪名成立，法院审理结果可能会判处其10年徒刑和50万美元的罚款。

二、求职自我介绍

尊敬的各位领导：

您们好！

学期盘点

序号	类　别	收　获	不　足	今后努力方向及打算
1	知识积累			
2	技能增长			
3	素养提升			
4	实践锻炼			
5	其　他			

“纸上谈兵终觉浅，绝知此事要躬行。”一年大学生活你到底学到了多少？走出校园，去参加一次社会实践吧！用实践检验真理，凭实践锻炼能力，靠实践积累经验！

学生假期社会实践证明

<table>
<tr><td>姓　　名</td><td></td><td>性　　别</td><td></td><td>民　　族</td><td></td><td>政治面貌</td><td></td></tr>
<tr><td colspan="2">出生日期</td><td colspan="2"></td><td colspan="2">身份证号码</td><td colspan="2"></td></tr>
<tr><td colspan="2">家庭所在地</td><td colspan="4"></td><td>班　　级</td><td></td></tr>
<tr><td colspan="2">本人联系电话</td><td colspan="2"></td><td colspan="2">所学专业</td><td colspan="2"></td></tr>
<tr><td colspan="2">实践单位地点</td><td colspan="6"></td></tr>
<tr><td colspan="2">实践单位名称</td><td colspan="6"></td></tr>
<tr><td colspan="2">实践证明人姓名</td><td colspan="2"></td><td colspan="2">证明人
联系方式</td><td colspan="2"></td></tr>
<tr><td colspan="2">实践起止日期</td><td colspan="6"></td></tr>
<tr><td colspan="2">社会实践内容</td><td colspan="6"></td></tr>
<tr><td colspan="2">实践单位评价</td><td colspan="6">实践单位（公章）
年　　月　　日</td></tr>
</table>

第三学期　全面剖析，科学规划

实训任务九　规划职业生涯

一、测试职业兴趣

如果你认为自己属于题目中所描述的这一类人，请在序号前画个圈，反之，不必做记号。答题时不需要反复思考。

(1) 喜欢自己动手做一些具体的、能直接看到效果的活。
(2) 喜欢弄清楚做一件事情的具体有关要求，以明确如何去做。
(3) 认为追求的目标应该尽量高些，这样才可能在实践中多获成功。
(4) 我很看重人与人之间的友情。
(5) 我常常想寻找独特的方式来表现自己的创造力。
(6) 我喜欢阅读比较理性的书籍。
(7) 我喜欢生活与工作场所布置得朴实些、实用些。
(8) 在开始做一件事情以前，我喜欢有条不紊地做好所有准备工作。
(9) 善于带动他人、影响他人。
(10) 为了帮助他人，我愿意做些自我牺牲。
(11) 当我进入创造性工作时，我会忘却一切。
(12) 在我找到解决困难的办法之前，通常我不会罢手。
(13) 我喜欢直截了当，不喜欢说话婉转。
(14) 我比较善于注意和检查细节。
(15) 我乐于在所从事的工作中承当主要责任人。
(16) 在解决我个人问题时，我喜欢找他人商量。

(17)我的情绪容易激动。
(18)一接触到有关新发明、新发现的信息，我就会感到兴奋。
(19)我喜欢在户外工作与活动。
(20)我喜欢有规律且干净整洁。
(21)每当我要做重大的决定之前，总觉得异常兴奋。
(22)当别人叙述个人烦恼时，我能做一个很好的倾听者。
(23)我喜欢观赏艺术展和好的戏剧与电影。
(24)我喜欢先研究所有的细节，然后再做出合乎逻辑的决定。
(25)我认为手工操作和体力劳动永远不会过时。
(26)我不大喜欢由我一个人来负责做重大决定。
(27)我善于和能为我提供好处的人交往。
(28)我善于调节他人相互之间的矛盾。
(29)我喜欢比较别致的着装，喜欢新颖的色彩与风格。
(30)我对各种大自然的奥秘充满好奇。
(31)我不怕干体力活，通常还知道如何巧干体力活。
(32)在做决定时，我喜欢保险系数比较高的方案，不喜欢冒险。
(33)我喜欢竞争与挑战。
(34)我喜欢与人交往，以丰富自己的阅历。
(35)我善于用自己的工作来体现自己的情感。
(36)在动手做一件事情之前，我喜欢先在脑中仔细思索几遍。
(37)我不喜欢购买现存的物品，希望能购买到材料自做。
(38)只要我按照规则做了，心里就会踏实。
(39)只要成果大，我愿意冒险。
(40)我通常能比较敏感地觉察到他人的需求。
(41)音乐、绘画、文字，任何优美的东西都特别容易给我带来好心情。
(42)我把受教育看成是不断提高自我的一辈子的过程。
(43)我喜欢把东西拆开，然后再使之复原。
(44)我喜欢每一分钟都花得要有名堂。
(45)我喜欢启动一项项工作，具体的细节让其他人去负责。
(46)我喜欢帮助他人，提高他人的学习能力。
(47)我很善于想象。
(48)有时候我能独坐很长时间来阅读、思考或做一件难对付的事情。
(49)我不怎么在乎干活时弄脏自己。
(50)只要能仔细且完整地做完一件事情，我就感到十分满足。

（51）我喜欢在团体中担当主角。
（52）如果我与他人有了矛盾，我喜欢采取平和的方式加以解决。
（53）我对环境布置比较讲究，哪怕是一般的色彩、图案都希望能赏心悦目。
（54）哪怕我明知结果会与我的期盼相悖，我也要探究到底。
（55）我很看重有健壮且灵活的身体。
（56）如果我说了我来做，我就会把这件事情彻底做好。
（57）我喜欢谈判，喜欢讨价还价。
（58）人们喜欢向我倾诉他们的烦恼。
（59）我喜欢尝试有创意的新主意。
（60）凡事我都喜欢问一个“为什么”。

请将在上面自测过程中前面画圈的序号，在下表中相同的数字上同样画圈，然后再将画圈最多的前三列所对应的字母提取出来填写在下面，确定自己的类型（R、C、E、S、A、I）。

我的职业性格类型是：________________________。

R	C	E	S	A	I
1	2	3	4	5	6
7	8	9	10	11	12
13	14	15	16	17	18
19	20	21	22	23	24
25	26	27	28	29	30
31	32	33	34	35	36
37	38	39	40	41	42
43	44	45	46	47	48
49	50	51	52	53	54
55	56	57	58	59	60

职业类型分析参考介绍如下：

1. 实际型（R）

实际型劳动者愿意从事“看得见、摸得着”的工作，喜欢使用工具，特别喜欢操作大型机器。他们做起事来手脚灵活、动作协调，但不善言辞，不善交际，在社交场合往往觉得很不自在，最不喜欢教育工作与接待他人的工作。

给人的印象是：不合群的、实利主义的、谦卑的（避免抛头露面的）、循规蹈矩的、自然的、倔强的（不可变通的）、直率的、精神健全的、节俭的、坦诚的、有毅力的、缺少见识的、固执和注重实际的。

对应职业类型：实际型职业主要是指各类工程技术工作与农业工作。

主要有：机械、汽车、飞机、土木、采矿等方面的工程师和技术员；机械操作、维修、安装、热处理工人，矿工、电工、木工、鞋匠等；公共汽车、出租汽车、工业卡车的司机；轮船、火车驾驶员；测绘员、描图员、消防队员等；农业机械师、牧民、渔民等。

2. 探索型（I）

探索型劳动者乐于解决抽象问题，喜欢运用词、符号和观念进行工作。非常好奇，急于了解周围的未知世界。宁愿思考问题而不愿动手去处理问题，喜欢独立的和富有创造性的工作，而不喜欢从事社会性的和重复性的活动。通常不愿意受人督促，也不愿意督促别人。知识渊博，为自己的学识和才能感到自豪，而对自己的领导能力缺乏信心。

给人的印象是：分析型的、独立的、理性的、细心谨慎的、有智慧的、冷漠的（沉默寡言的）、不满的（善批评的）、内向的、孤独的、复杂的、悲观主义的、不摆架子的、好奇的、精确的和不合群的（不讨人喜欢的）。

对应职业类型：探索型职业主要是指科学研究和科学实验工作。

主要有：物理、化学、数学、生物学、动物学、植物学、经济学、人类学等方面的专家和助手；化学、飞机、电子、冶金、无线电和电视等方面的工程师和技术员；飞机驾驶员、电子计算机操作人员等。

3. 艺术型（A）

艺术型劳动者喜欢在以写作、作曲、绘画、摄影、建筑等各种艺术形式表现自己的环境里工作，乐于创造新颖的与众不同的东西，渴望表现自己的个性。比较敏感，易动感情，喜欢独立工作，而不过多关心社会纠纷。一般对单调的或经营性的工作不感兴趣。

给人的印象是：复杂的、不切实际的、直观的、目无法纪的、不守常规的、感情冲动的、有独创性的、善于表达的、独立的，敏感的、理想主义的和开放的。

对应职业类型：艺术型职业主要指各类艺术创作工作。

主要有：艺术、音乐、戏剧、外语、文学、舞蹈等方面的教师；歌唱家、舞蹈家、乐队指挥等；编辑、广播节目作者；艺术、家具、珠宝等行业的设计师；文学、艺术方面的评论员等。

4. 社会型（S）

社会型劳动者喜欢从事为人服务和教育他人的工作，喜欢参与解决人们关心的社会问题。热情慷慨，善于交际，关心他人，人际关系很融洽，总是在寻求与群众接触的机会，渴望发挥自己的社会作用。平时，比较看重社会义务与社会道德。一般缺乏技术特长，不喜欢从事需要运用劳动工具的工作。

给人的印象是：向上的、乐于助人的、有责任心的、合作的、理想主义的、合群的、耐心的、八面玲珑的、友好的、仁慈的、善解人意的、慷慨的、有说服力的和温暖的。

对应职业类型：社会型职业主要指各种直接为他人服务的工作。

主要有：社会科学、历史、体育等方面的教师、保育员、教育行政人员；社会科学、政治科学、社会学、历史学等方面的专家；政治工作人员、职业护士；社会服务指导员、体育教练；食品、戏院、酒店、旅社的经理；房屋管理人员；发型师；牙科助手；福利人员等。

5. 事业型（E）

事业型劳动者喜欢竞争，敢冒风险，精力充沛，乐观自信，善于交际，能说会道，具有领导才能，喜爱权力、地位与物质财富。一般不擅长科学研究，对系统而复杂的思维工作很不耐烦。

给人的印象是：精力旺盛的、好出风头的、乐观的、大胆的、兴奋的、自信的、讨人喜欢的、外向的、合群的、野心勃勃的、滔滔不绝的、盛气凌人的、风流的和贪得无厌的。

对应职业类型：事业型是指那些组织与影响他人共同完成组织目标的工作。

主要有：家具、杂货、艺术品、礼品、零售等行业的商人；农场、家庭用品店的经理；工程师；律师；市场和商业系统分析专家；银行、固定资产工作人员；工作关系指导、管理助手；供销人员、供销人员、售货员；政府官员等。

6. 常规型（C）

常规型劳动者喜欢按计划办事，乐于完成指令性的任务，总希望知道别人期望他干什么，自己从不谋求领导职务，不喜欢冒风险，对复杂的人际关系问题不感兴趣。工作踏实，忠实可靠，遵守纪律。

给人的印象是：小心的、缺乏灵活性的、有恒心的、遵守常规的、自我约束的、实际的、认真的、有条理的、拘谨的、被动的、顺从的、节俭的、有效率的、守纪律的和缺乏想象力的。

对应职业类型：常规型职业主要是指各类科室工作。

主要有：会计、出纳、统计人员；打字人员；办公室人员；秘书与文书；商业教师；图书馆助理；旅游、外贸职员；邮递员；接线员；保管员；书刊销售员；财政专家；审计人员；人事职员等。

二、规划职业生涯

我的职业生涯规划

（一）基本信息

职业规划人姓名：

性别：＿＿＿＿＿＿＿＿ 年龄：＿＿＿＿＿＿＿＿

学校：＿＿＿＿＿＿＿＿ 专业：＿＿＿＿＿＿＿＿

规划期限：　　年（建议以5年为例）

（二）自我分析

1. 职业兴趣

2. 职业价值观

3. 个性特点

4. 能力分析

（三）职业环境分析

1. 专业发展趋势分析

2. 职业分析

3. 目标企业分析

（四）制定职业目标

我的职业目标

（五）行动方案

1. 大学二年级

2. 大学三年级

3. 工作前两年

4. 工作第三年

实训任务十　了解企业文化

一、调查企业文化

找一家你一直向往的企业，踏上探索之旅。

调查方式	
企业名称	
地　　址	
企业历史（建立时间、关键事件等）	
企业规模	
经营业绩	
企业文化概述（物质文化、行为文化、制度文化、精神文化形态等）	
令你印象深刻的企业文化中的标志性语言	

二、评析企业文化

（1）客观评价这个企业的文化。

（2）你怎样融入这个企业文化呢？

（3）你还需要做出哪些调整来更好地适应企业文化？

学期盘点

序号	类　别	收　获	不　足	今后努力方向及打算
1	知识积累			
2	技能增长			
3	素养提升			
4	实践锻炼			
5	其　他			

教师评语

第四学期　做好准备，走向职场

实训任务十一　盘点大学生活 》》》》

一、重新审视你眼中的自己

作为一个未来的职场人，你是否已经距离职场更近了，快来给自己做一次全面的“扫描”吧！

（1）你计划在大学里最想做的十件事已经完成了哪些？你还可以做哪些事？

（2）大学里最值得你骄傲的是什么？

（3）大学里你最遗憾的事情是什么？

（4）说说目前你的优势和劣势各是什么（可从知识、技能、素质、实践等方面谈谈你的收获和不足）？

二、他们眼中的你

“不识庐山真面目，只缘身在此山中。”想知道别人对你客观的、有借鉴性的评价吗？邀请他们帮你从性格、兴趣、理想、能力、素质、人际关系等几个方面做一次细致的“体检”吧！

序号	类别	评　价	建　议
1	同学		
2	朋友		
3	导师		
4	父母		
5	其他		

实训任务十二　体验职场生活

一、送上你的职场“小锦囊”

即将踏入职场的我们，有满心欢喜，也有忐忑不安，怎样才能在职场上游刃有余、尽展风采呢？那就让我们互相送上职场“小锦囊”吧！

职场小锦囊：

二、写出你的“菜鸟”便利贴

给企业留下的第一印象对你非常重要。万事开头难，想象一下你入职的第一天、第一周……你到底应该做些什么？

入职第一个星期我要做的事：

三、留下你的个人毕业照

母校，我想对您说

编后语

在梦想即将起飞的时候，你准备好了吗？你准备用什么培养你的包容心？用什么激发你的上进心？用什么壮实你的臂膀？用什么浇灌你的爱情？用什么迎接你事业的辉煌？

理想与现实中间隔着一道万里长城，需要我们不断去攀登。我们要在挑战中体会成功的喜悦，在失败中学会承担责任，在挫折中变得更加坚强，在困难中磨炼意志，在奋斗中成就辉煌。

不因成功而浮躁，不因诱惑而动摇，不因误解而苦闷，不因失败而放弃。带着母校的期盼与祝福，豪迈地出发吧！去勇敢地承担责任，去执着地追求梦想，去积极地改变世界，去开创属于你的幸福人生！